August Hirsch

Über die historische Entwicklung der öffentlichen Gesundheitspflege

August Hirsch

Über die historische Entwicklung der öffentlichen Gesundheitspflege

ISBN/EAN: 9783743360532

Hergestellt in Europa, USA, Kanada, Australien, Japan

Cover: Foto ©berggeist007 / pixelio.de

Manufactured and distributed by brebook publishing software
(www.brebook.com)

August Hirsch

Über die historische Entwicklung der öffentlichen

Gesundheitspflege

ÜBER DIE HISTORISCHE ENTWICKELUNG

DER

ÖFFENTLICHEN GESUNDHEITSPFLEGE.

––––––

REDE,

GEHALTEN

ZUR FEIER DES STIFTUNGSTAGES DER MILITÄR-
ÄRZTLICHEN BILDUNGSANSTALTEN

AM

2. AUGUST 1889

VON

PROFESSOR DR. HIRSCH.

BERLIN 1889.

VERLAG VON AUGUST HIRSCHWALD

NW., UNTER DEN LINDEN 68.

ÜBER DIE HISTORISCHE ENTWICKELUNG

DER

ÖFFENTLICHEN GESUNDHEITSPFLEGE.

Hochgeehrte Herren!

Kaum ein Gebiet der praktischen Medicin beschäftigt in
unsern Tagen die Aufmerksamkeit und die Thätigkeit der
ärztlichen Welt in einem höheren Grade, als diejenige Seite
der Heilkunde, welche die dankbarste Aufgabe derselben
ausmacht — die Gesundheitspflege, welcher die Fürsorge
für die Erhaltung des körperlichen Wohles der Bevölkerung
durch zweckentsprechende gesellschaftliche Einrichtungen
und die Bekämpfung der feindseligen Mächte anheimfällt,
die als Krankheitserreger Gesundheit und Leben des Menschen
bedrohen. — Nicht ohne Grund darf die Gegenwart mit
dem Gefühle der Genugthuung, ja eines gewissen Stolzes
auf die Erfolge hinblicken, welche die Wissenschaft auf
diesem Gebiete ärztlicher Leistungsfähigkeit erzielt hat, um
so mehr aber ist es geboten, einen Blick auf die Vergangenheit zurückzuwerfen, die Phasen, welche die Gesundheitspflege in einer mehr als tausendjährigen Entwickelung
durchlaufen hat, ins Auge zu fassen und in der gerechten
Würdigung dessen, was sie in vergangenen Jahrhunderten
geleistet, den Maassstab für die Schätzung der Fortschritte
zu gewinnen, deren sie sich in der Gegenwart rühmen darf.

Das grosse Interesse, welches die Militär-Medicinal-Verwaltung an dieser Seite der ärztlichen Thätigkeit nimmt, dürfte es rechtfertigen, dass ich eine solche Betrachtung der historischen Entwickelung der öffentlichen Gesundheitspflege zum Gegenstande der Festrede an dem heutigen Tage gewählt habe, an welchem die militär-ärztlichen Bildungsanstalten das Andenken an ihren Stiftungstag feiern, die Kürze der mir für diese Mittheilungen gegönnten Frist aber wird mir zur Entschuldigung dienen, wenn ich Ihnen diesen historischen Ueberblick nur in seinen allgemeinen Umrissen und in kurzen Zügen hier vorführe.

Die Gesundheitspflege reicht mit ihren Uranfängen bis in die entferntesten Zeiten der Weltgeschichte, sie reicht als ein in seiner Wichtigkeit für das Wohl und das Gedeihen der Bevölkerung gewürdigtes Moment bis in jene Zeiten zurück, in welchen sich aus dem Erhaltungs- und Geselligkeitstriebe des Menschen ein Culturleben zu entwickeln angefangen hat; so begegnet man denn auch bei den an der Schwelle der Geschichte stehenden Völkern, über deren Schicksale die Tradition noch Aufschluss giebt, den Anzeichen einer, je nach der Höhe der Kultur, zu der sie gelangt waren, mehr oder weniger hoch entwickelten Sorge für die Gesundheitspflege. Dies gilt, soviel uns bekannt, namentlich von drei der ältesten Culturvölker, den Indern, Aegyptern und den mit diesen in naher Beziehung stehenden Israeliten.

Schon in der vor-brahmanischen Periode der indischen Geschichte findet man Andeutungen eines höheren Bestrebens, gesundheitsgemässe Einrichtungen zu schaffen. Die Wohnorte waren sowohl nach aussen hin, wie in ihren Strassen frei und luftig angelegt, die mit Mauern und Wällen umgebenen Burgen (Pur) wurden, wie es scheint, nur in Kriegszeiten zur Bergung des Eigenthums und zum Zufluchtsorte einer feindlich bedrängten Bevölkerung benutzt; erst in einer späteren Zeit wurden diese erweitert, mit geraden, breiten Strassen und öffentlichen Plätzen versehen, zu ständigen Wohnsitzen eingerichtet*), und dabei mit grosser Sorgfalt auf Trockenheit und Festigkeit des Untergrundes durch Fundamentirung mit mehrfachen Steinlagen, Eisenplatten und festgestampftem Mörtel, sowie auf Solidität und Lüftung der aus Holz oder Ziegeln gebauten Häuser Rücksicht genommen. Nüchternheit und Einfachheit in der Nahrungsweise, sowie skrupulöse Reinlichkeit des Körpers galten als Hauptgebote für die Erhaltung der Gesundheit. Für Beschaffung reinen Trinkwassers aus tief angelegten, gegen Verunreinigung wohl geschützten Brunnen oder aus Quellen, die mit künstlich angelegten Leitungen versehen waren, wurde Sorge getragen; in der brahmanischen Periode waren sogar besondere Beamte angestellt, welche über die Reinheit der Wasserbehälter

---

*) Zahlreiche indische Städte (Ghazipur, Gorackpur u. v. a.) führen auch heute noch die Bezeichnung „Pur".

(Tadaka, den jetzigen Tanks der Engländer) zu wachen und die Wasservertheilung an die Haushaltungen nach billigen Grundsätzen zu besorgen hatten. Auch bestand eine Art Marktpolizei, die sich jedoch wahrscheinlich nur auf Maass und Gewicht der feilgebotenen Waaren bezog. Schon in einer frühen Periode haben in Indien Krankenhäuser bestanden und ist das prophylaktische Verfahren der Blatterinokulation geübt worden, das wahrscheinlich hier und nicht, wie behauptet wird, in China erfunden worden ist.

In Aegypten war die Gesundheitspflege gesetzlich organisirt; sie bildete einen Theil der Staatsreligion und ihre Regelung unterlag somit der Fürsorge der Priesterkaste. — Die grösseren, vom Inundationsgebiete des Nil entfernter angelegten Orte waren mit einem grossartig angelegten Canalsystem versehen, durch welches die Abfälle aus den Städten theils in den Fluss, theils auf die nahe gelegenen Wüstenstrecken behufs Berieselung derselben geführt wurden. Die Strassen waren breit und regelmässig angelegt, die Häuser solide aus Ziegeln gebaut, ein- oder zweistöckig, geräumig, gut gelüftet, von Gärten umgeben und reinlich gehalten. Auch hier wurde Reinlichkeit überhaupt und speciell Reinlichkeit des Körpers als Sittengesetz angesehen, daher Bäder im Leben der Aegypter, wie der Inder eine grosse Rolle spielten. Die Nahrungsweise war auch hier eine sehr nüchterne, den klimatischen Verhältnissen des

Landes angepasst; das religiöse Verbot gewisser Nahrungsmittel, besonders des Genusses von Schweinefleisch und
einzelnen Fluss- und Seefischen war ohne Zweifel von
prophylaktischer Bedeutung, insofern die Erkrankung an
Aussatz — ein übrigens sehr weiter pathologischer Begriff
jener Zeit — mit dem Genusse der verbotenen Nahrungsmittel in einen kausalen Zusammenhang gebracht wurde. —
Die Thiere, deren Genuss gestattet war, wurden, bevor
sie auf den Markt kamen, einer Untersuchung auf ihren
Gesundheitszustand unterworfen und erst, nachdem sie von
einem Sachverständigen als unbeanstandet erklärt und mit
einem Siegel versehen waren, wurden sie zum Verkaufe
zugelassen. — Die Annahme, dass die in Aegypten gebräuchliche Art der Leichenbestattung durch Einbalsamiren
eine hygieinische Maassregel gewesen sei, beruht auf einem
Irrthum; nur die Leichen hochgestellter, oder reicher Individuen und einige heilige Thiere wurden dieser Aus-
zeichnung theilhaftig, die Leichen aus der grossen Masse
wurden beerdigt oder in die Wüste gebracht und hier
der Verwesung überlassen. Schliesslich sei noch auf
die ersten Spuren einer geordneten Militär-Sanitätspflege
in Aegypten hingewiesen; den in's Feld ziehenden Truppen
waren besoldete Aerzte beigegeben, welche die erkrankten
oder verwundeten Krieger in Hospitälern, die zur Seite der
Kriegslager errichtet waren, zu behandeln hatten.

Eine Ergänzung dieser über die Gesundheitspflege bei

den Aegyptern bekannt gewordenen Thatsachen findet sich in der Sanitäts-Organisation bei dem israelitischen Volke, in welcher sich die hohen Geistesgaben des in die ägyptische Priesterweisheit eingeweihten Gesetzgebers Moses in glänzender Weise dokumentiren. Auch er lehrte, in richtiger Erkenntniss, dass er das Volk nicht durch Aufklärung der Begriffe zur Befolgung rationeller Gesundheitsgesetze bewegen konnte, die Beachtung dieser aus der religiösen Gewissenspflicht betrachten, indem er sie mit dem Gottes-Kultus in Verbindung brachte, und die mehrfach geäusserte Ansicht, dass Moses von religiösen Motiven geleitet die Gesundheitsgesetze entworfen und darum diese zu Glaubensartikeln erhoben hätte, heisst die Sache auf den Kopf stellen. — Die Sorge für Ausführung der die Sanitätspflege betreffenden Gesetze und die Ausübung der Heilkunde lag in der vor-jerusalemitischen Periode in den Händen der Leviten, erst später, zur Zeit der Selbstständigkeit des jüdischen Staates existirten auch profane Aerzte, in Jerusalem und andern Ortsgemeinden sogar amtlich besoldete Heilkünstler, die als Gemeindeärzte fungirten und namentlich dem armen Theile der Bevölkerung ihre Dienste zu widmen hatten. — Das grösste Gewicht in der Sanitätspflege wurde auch bei den Israeliten auf Reinlichkeit, nicht nur des Individuums, sondern aller Dinge, mit welchen dasselbe in Berührung kam, der Kleidung, des Bodens, der Luft, der Nahrungsmittel, des Trinkwassers u. s. w. gelegt, so dass der Gedanke, welcher die Gesundheitspflege der neuesten Zeit beherrscht, hier bereits zu vollem Ausdrucke gekommen ist. Hieraus erklärt sich der unter den verschiedensten Verhältnissen, in denen es sich irgendwie um eine Verunreinigung des Körpers handelte, vorgeschriebene Gebrauch der Bäder und Waschungen, die Sorge für Reinhaltung des Trinkwassers durch Schutz der Brunnen und anderer für kulinarische Zwecke benutzter Wasserbehälter, das Verbot einer Benutzung des Wassers aus Sümpfen, sowie des Genusses des Fleisches von kranken, gefallenen oder neugeborenen Thieren. Wie bei den Aegyptern bestand auch bei den Israeliten eine strenge Kontrolle über die auf den Markt zum Verkaufe gebrachten Thiere und die Ausschliessung gewisser Kategorieen thierischer Nahrungsmittel, theils aus denselben hygieinischen, theils auch wohl, wie u. a. das Verbot, das Fleisch des Kalbes in der Milch seiner Mutter zu kochen, aus ethischen Rücksichten. Im Allgemeinen schrieben die Speisegesetze eine gemischte Nahrung, Fleisch, Früchte und Brod, dagegen Enthaltsamkeit von Fetten und berauschenden Getränken vor. —

So lange die Israeliten in Lagern lebten, war eine Verunreinigung des Bodens dieser durch Auswurfstoffe aufs strengste verboten; jeder musste seinen Bedürfnissen ausserhalb des Lagers genügen und die ausgeleerten Stoffe sofort vergraben. Nach Konstituirung des jüdischen Staates wurde bei der Begründung von Wohnorten auf Trockenheit des

Bodens, zweckmässigen Bau und ausreichende Lüftung der Häuser besondere Rücksicht genommen, so wurde namentlich die weitläufige Anlage Jerusalems mit seinen breiten, gut ventilirten und reinlich gehaltenen Strassen sehr gerühmt. — Mit gewissen Krankheiten, besonders mit dem sogenannten „Aussatze" behaftete Individuen wurden aus dem Verkehre ausgeschlossen und in besonderen Räumlichkeiten ausserhalb der Gemeinde so lange sequestrirt, bis sie genesen, bezw. gestorben waren; die von ihnen benützten Kleidungsstücke wurden ebenfalls als verdächtig angesehen und vor anderweitigem Gebrauche durch Behandlung mit heissem Wasser desinficirt. Einen Glanzpunkt in der mosaischen Gesetzgebung bilden endlich die strengen Vorschriften über Bewahrung der Keuschheit, welche ohne Zweifel auf eine Förderung nicht nur des moralischen, sondern auch des physischen Wohles des Volkes hingerichtet waren.

Einen wesentlich anderen Standpunkt in der Regelung und Handhabung der öffentlichen Gesundheitspflege, als bei den hier genannten, den frühesten Perioden des Alterthums angehörenden Kulturvölkern, nahmen die Begründer und Gesetzgeber des griechischen Staatenwesens ein. Während dort das Sittengesetz, dem mehr oder weniger patriarchalisch entwickelten Charakter des Gemeinwesens entsprechend, in der Förderung des individuellen Wohlergehens das Gedeihen der Volksmasse zu erzielen bestimmt war und in dem Appell an das religiöse Gewissen des Einzelnen das Mittel für

strenge Befolgung der Sanitäsgebote fand, traten hier diese
Rücksichten auf das Individuum und seine Beziehungen zu
einer übersinnlichen, höheren Macht zunächst vollständig
hinter der Staatsraison zurück: Die von Lykurg und Solon
gegebenen Gesetze, soweit sich dieselben auf die Gesundheitspflege bezogen, waren wesentlich darauf hingerichtet,
dem Vaterlande kräftige, streitbare Bürger zu schaffen, und
die Mittel hierfür wurden in der körperlichen Gymnastik,
in dem Gebrauche von See- und Flussbädern und anderen
ähnlichen diätischen Maassregeln gefunden. Auch noch in
einer späteren Zeit, als die Heilkunde in Griechenland bereits zu einer höheren Ausbildung gelangt war, als die
grossen Philosophen, ein Plato und Aristoteles, in Ueber-
einstimmung mit den Anschauungen einsichtsvoller Aerzte,
rationelle Grundsätze über die zweckmässige Anlage von
Städten, über Reinlichkeit des Bodens und der Häuser,
ausreichende Ventilation, Sorge für reines Trinkwasser und
andere, die allgemeine Gesundheitspflege betreffende Gesichtspunkte ausgesprochen hatten, blieben die sanitären
Einrichtungen in den griechischen Städten weit hinter jenen
Ansprüchen zurück, und erst in der römischen Zeit fanden
auch hier zweckmässige hygieinische Maassregeln nach dem
Muster Roms und der römischen Municipien Eingang. Der
hochentwickelte künstlerische Sinn der Griechen überwog
das Verständniss für praktisch zweckmässige Lebensein-
richtungen; in der Anlage der Städte wurde mehr auf

Schönheit und Festigkeit derselben, als auf Pflasterung und Reinhaltung der Strassen, Sorge für die Beseitigung der Immunditien und für gutes Trinkwasser Rücksicht genommen, so dass noch Dionys von Halikarnass, der im ersten Jahrhunderte nachchristlicher Zeit nach Rom kam, mit einem Hinblicke auf die Zustände in griechischen Städten erklären konnte: „Mir fallen drei Gegenstände auf, in welchen ich die Grösse des römischen Volkes bewundere, die Wasserleitungen, die öffentlichen Strassen und die Kloaken." — In Athen sollen allerdings schon frühzeitig Abzugscanäle bestanden haben, hauptsächlich aber dienten Gruben zur Aufnahme der Abfälle; auch existirte hier eine Art Marktpolizei, allein die von derselben geübte Kontrolle bezog sich weniger auf gesundheitsschädliche Eigenschaften der zum Verkaufe gebrachten Nahrungsmittel, als vielmehr auf Maass, Gewicht und etwaige Verfälschung derselben, besonders des Weines. — Die Prostitution war von Lykurg und besonders von Solon durch Bordelleinrichtung unter polizeiliche Aufsicht gestellt — ohne Zweifel weniger aus sanitären, als ethischen Gründen, und mit wie geringem Erfolge auch in dieser Beziehung lehrt die spätere schmutzige Hetärenwirthschaft, welche einen dunkeln Punkt in der Sittengeschichte des griechischen Volkes bildet. — Ueber die zur Bekämpfung schwerer Seuchen ins Leben gerufenen sanitären Maassregeln erfährt man aus den Schriften der nach-hippokratischen Aerzte, dass man sich behufs Reinigung der Luft von den schädlichen Miasmen der Räucherungen mit Schwefel oder aromatischen Stoffen und der in den Strassen angezündeten grossen Feuer bedient habe; in der viel genannten Thucydideischen Pest wurden die der Seuche Erlegenen auf Scheiterhaufen in der Stadt verbrannt. — Für die Militär-Sanitätspflege war schon zu Lykurg's Zeiten soweit Sorge getragen, dass den ins Feld ziehenden Truppen Aerzte beigegeben waren; auch bestanden schon zu Zeiten der Perserkriege angestellte Gemeindeärzte, denen jedoch wesentlich die Aufgabe zufiel, arme Kranke unentgeltlich zu behandeln.

Wie auf allen Gebieten des gesellschaftlichen Lebens, so hat sich der praktische Sinn und das Verständniss für praktische Zwecke des römischen Volkes in dem glänzenden Aufschwunge bewährt, welchen die öffentliche Gesundheitspflege während des Alterthums in Rom und den Municipien des römischen Reiches genommen hat. Dass die rationellen Anschauungen über gesundheitsgemässe Einrichtungen, welche viele in Rom lebende griechische Aerzte aus der späteren Zeit des Alterthums in ihren Schriften niedergelegt haben, in dieser Beziehung einen grossen Einfluss geäussert haben, ist wenig wahrscheinlich, jedenfalls steht so viel fest, dass die ärztlichen Genossenschaften, welche in Rom schon zur Zeit der Republik bestanden, lediglich Standesinteressen verfolgten und dass die zur Kaiserzeit unter dem Titel der „Archiatri populares" angestellten Medicinalbeamten vorzugsweise mit der Armenpraxis, in Rom auch mit der ärztlichen Behandlung der Gladiatoren, der kaiserlichen Beamten und der an öffentlichen Anstalten fungirenden Personen beauftragt waren; die Aerzte haben hier, wenn überhaupt, so jedenfalls erst in einer sehr späten Zeit und in einem geringen Grade einen Einfluss auf die Gestaltung der öffentlichen Hygieine geäussert. Schon in der vorrepublikanischen Periode waren Maassregeln zur Sanirung der Stadt und ihrer Umgegend getroffen worden; die Grundzüge zu einer Organisation der Sanitätspflege waren in den aus dem 5. Jahrhunderte datirenden Zwölftafel-Gesetzen niedergelegt, die dann später, so namentlich durch die lex Papiriana im 2. Jahrhunderte erweitert wurden, sich über die Wasserversorgung der Stadt, die Strassen- und Marktpolizei, die Prostitution, das Leichen- und Kloakenwesen u. s. w. verbreiteten und über deren Ausführung die Aedilen wachten, so dass das öffentliche Gesundheitswesen einen Theil der Staatsverwaltung bildete. — Die Gründung einer der grossartigsten sanitären Anlagen Roms, des Kloakensystems, reicht bis in das 6. Jahrhundert zurück, in welchem der ältere Tarquinius behufs Austrocknung der sumpfigen Niederungen der Stadt unterirdische, gewölbte Abzugskanäle anlegte, welche gleichzeitig zur Abführung der Niederschläge und Immunditien dienten und die von seinem Sohne zu der berühmten Cloaca maxima erweitert wurden. Anfangs war dieses Kanalsystem mangelhaft ge-

spült; nachdem im 4. Jahrhunderte die ersten grossen Wasserleitungen angelegt waren, wurde diesem Uebelstande abgeholfen und für eine von Zeit zu Zeit ausgeführte Reinigung
der Kanäle gesorgt; der Aufwand für eine solche im 2. Jahrhunderte vorgenommene Reinigung wird auf 2 Millionen
Mark veranschlagt. Der grösste Theil der Privathäuser
Roms stand durch Abzugskanäle mit dem Hauptkanale in
Verbindung, in anderen dieses Anschlusses ermangelnden
Häusern waren Abtrittsgruben angelegt, über deren
regelmässige Räumung die Aedilen wachten. Die Aus-
leerung der Gruben durfte nur Nachts und nur bei kühlem
Wetter vorgenommen werden; sie wurde von einer privaten
Abfuhr-Anstalt ausgeführt, welche den Latrineninhalt an
die Gärtner verkaufte. — Die Abwässer aus den Kanälen
mündeten in den Tiber, mit der Vergrösserung der Stadt
und des Kanalsystems trat aber eine Uebersättigung des
Flusses mit den Abfallstoffen ein, die sich besonders bei
niedrigem Wasserstande in höchst unangenehmer Weise
fühlbar machte; anfangs half man sich damit, dass man die
Kanäle erst in weiterer Entfernung von der Stadt unterhalb
derselben in den Fluss ausmünden liess, und als auch dies
nicht genügte, wurde der Kanalinhalt zum Theil zur Berieselung der Gärten und Felder in der Umgegend der
Stadt benutzt. — In der Kaiserzeit wurden alle grösseren
Municipien in ähnlicher Weise kanalisirt, und hier, wie
in Rom, in den Strassen öffentliche Bedürfniss-Anstalten

angelegt, welche ebenfalls mit dem Kanalsystem in Verbindung gebracht waren. —

Einen zweiten Glanzpunkt in der Sanitätspflege Roms und der Municipien bildeten die grossartig ausgeführten Wasserleitungen, deren Ruinen heute noch als Wunderwerke der Baukunst imponiren. Die Anlage dieser Bauten und die Masse des zugeführten Quellwassers hielt mit der Zunahme der Bevölkerung Roms gleichen Schritt; die erste grosse Wasserleitung, die Aqua Appia, wurde im Jahre 312 eröffnet, daran schloss sich 273 die Wasserleitung aus dem Anio, die Aqua Murcia, deren Anlage ungefähr 40 Mill. Mark gekostet hat, dann folgte die von Augustus angelegte Aqua Alsietina, sodann die Aqua Trajana (die jetzige Aqua Paola) u. a., so dass zu Zeiten des Kaisers Nerva die Quantität der täglichen Wasserzufuhr 1,080000 cbm betrug, und bei einer Bevölkerung von etwa 2 Millionen auf den Kopf täglich 510 Liter Wasser kamen — eine Masse, welche nicht nur für den Hausbedarf und die Spülung der Kanäle ausreichte, sondern auch die Versorgung der Privathäuser mit laufendem Wasser und, wie aus den Ruinen von Pompeji hervorgeht, die Strassenbesprengung ermöglichte. Die Röhren, welche das Wasser in die Häuser führten, waren zum grössten Theile aus Thon gefertigt, dass aber auch Bleiröhren benutzt wurden, geht aus einem Hinweise von Vitruv auf die mit den Bleiröhren verbundene Gefahr einer Vergiftung hervor. —

Die Wasserleitungen standen unter der Aufsicht der Cura-
tores aquarum, die Vertheilung des Wassers an die Haus-
besitzer besorgten die Aedilen; es wurde eine Wassertaxe
bezahlt, die nach der Grösse des Hauses bestimmt, im
Ganzen aber nur so hoch veranschlagt war, dass sie zur
Erhaltung der Wasserleitungen ausreichte. —

In einem weniger günstigen Lichte erscheinen, vom
sanitären Standpunkte beurtheilt, die Bau- und Strassen-
Verhältnisse in Rom und den grossen Municipien; allerdings
war durch unterirdische Abzugskanäle, oder, wie bei den
Kastellen, durch Gräben für Drainage des Bodens gesorgt,
eigentlicher Sumpfboden wurde möglichst gemieden, allein
in der Strassenanlage und dem Häuserbau wurde vielfach
gefehlt. Wie in Rom, so waren auch in allen grösseren
Städten des Reiches die Strassen winkelig und eng, so dass
die Breite der Hauptstrassen in maximo kaum 10 Meter
überschritt. Die aus Holz oder Fachwerk hergestellten
Häuser waren unsolide gebaut, daher Häusereinstürze und
Feuersbrünste auf der Tagesordnung standen. Erst gegen
Ende der Republik entstanden die Paläste, welche Rom
schmückten, unter Augustus nahm das Bauwesen einen
neuen Aufschwung und nach dem Neronischen Brande,
dessen Umfang sich eben aus den engen Strassen und den
unregelmässig zusammengedrängten Häusermassen erklärt,
wurde in den neuen Anlagen durch grössere Breite der
Strassen, Pflasterung derselben mit durch Mörtel verbundenen

Steinen, Herstellung von Gärten und freien Plätzen, feuer-
festen Bau der Häuser aus Luftziegeln, Entfernung über-
flüssiger Mauern und Buden von den Strassen behufs besserer
Lüftung derselben den Uebelständen einigermassen abgeholfen,
und dem von Vitruv entworfenen idealen Zustande einer
Stadtanlage Rechnung getragen, allein die im Verhältnisse
zur Strassenbreite übermässige, auf 20—25 Meter in maximo
normirte Höhe der Häuser, die sich aus der enormen
Theuerung des Grund und Bodens erklärt, machte einen
grossen Theil dieser Verbesserungen um so mehr illusorisch,
als mit den schon gegen Ende der Republik sich ins Un-
geheuere steigernden Zuzügen eine Uebervölkerung der
Stadt und eine Wohnungsnoth entstand, so dass die Häuser
vom Keller bis zum Boden dicht bewohnt waren und das
massenhaft angehäufte, im Schmutze lebende Proletariat
mit seinem Aufenthalte auf die Strassen oder spelunken-
artigen Kneipen angewiesen war. — Die gesetzlichen Bestimmungen über die von den Aedilen überwachte Reinhaltung der Strassen waren allerdings ganz zweckmässig,
schon zu Cäsar's Zeiten hatte jeder Hauseigenthümer die
Verpflichtung, das Strassenpflaster vor seinem Grundstücke
in Stand zu halten, für Beseitigung des Unrathes vor seiner
Thür, Verhütung von Pfützenbildung u. s. w. Sorge zu
tragen; allein trotz aller Bemühungen der Behörden gelang
es bei der mit dem gewaltigen Strassenverkehr und der
Benutzung der Strassen für gewerblichen Betrieb ver-

bundenen ungeheuren Anhäufung von Schmutz aller Art nicht, den gesetzlichen Vorschriften zu genügen. Die Aedilen übten allerdings auch eine Art von Hauspolizei, allein diese beschränkte sich nur auf Sicherung gegen Einsturz und Feuersgefahr, die innere Einrichtung der Häuser war der Aufsicht der Behörden entzogen. — Dieselben sanitären Missstände machten sich übrigens auch in Alexandria, Byzanz und anderen Grossstädten des Reiches fühlbar. — Die Ueberwachung des Marktes und der öffentlichen Kaufläden durch die Aedilen bezog sich wesentlich auf einen Schutz der Käufer gegen verfälschte Nahrungsmittel, Verschlechterung des Weins durch Zusätze, die dessen Werth verminderten, gegen Uebertheuerung durch falsches Maass und Gewicht u. s. w., weniger auf die Feilbietung gesundheitsschädlicher Stoffe; auch gewerbliche Anlagen wurden betreffs der durch sie herbeigeführten Missstände von den Aedilen überwacht, über die Gesichtspunkte, welche hierbei in Betracht kamen, ist, soviel ich weiss, nichts bekannt. — Die Prostitution war in Rom ein verachtetes Gewerbe und unter die Aufsicht der Aedilen gestellt; über die Lustdirnen wurden Listen geführt und seit Caligula's Zeiten waren sie sowohl, wie die Bordellwirthe einer Besteuerung unterworfen, die noch bis weit ins Mittelalter fortbestand und der weltlichen und geistlichen Macht eine nicht unerhebliche Einnahme verschaffte. — Krankenhäuser allgemeiner Art bestanden in Rom nicht; nur zur Aufnahme erkrankter

Sklaven und Gladiatoren bestanden Valetudinarien, in
welchen dieselben von den angestellten Stadtärzten behandelt
wurden; auch in den Häusern wohlhabender Leute waren
Räume zur Aufnahme erkrankter Individuen aus der Haus-
genossenschaft eingerichtet. — Die Leichenbestattung durch
Beerdigung innerhalb der Stadt war schon in den Zwölf-
Tafel-Gesetzen verboten und dieses Verbot wurde von
Hadrian über alle Städte des römischen Reiches ausge-
dehnt; ein grosser Missstand aber war mit den für das
Proletariat ausserhalb der Stadt angelegten Massengräbern
vorhanden, wo die Leichen in Gruben übereinander geworfen
und der Verwesung überlassen wurden. Die gegen Ende
der Republik und im Anfange der Kaiserzeit in grossem
Umfange geübte Feuerbestattung wurde später fast vollkommen durch die Beerdigung zurückgedrängt. —

Einen erheblichen Fortschritt erfuhr im römischen Staats-
wesen die Militär-Sanitätspflege, besonders zur Kaiserszeit.
Sowohl den Land- wie den Seetruppen waren gebildete
Aerzte in ausreichender Zahl beigegeben; die Feldlager
waren aus Zelten hergestellt, es war für ausreichende
Nahrung und gutes Trinkwasser gesorgt, die Truppen wurden
von Krankenträgern begleitet, welche die Verwundeten
vom Schlachtfelde zu bringen hatten, und neben den Lagern
waren Valetudinarien in Form von Baracken in einer der
Heeresstärke entsprechenden Grösse errichtet, welche unter
die Aufsicht besonderer Aerzte gestellt wurden.

Alle diese grossartigen sanitären Einrichtungen Roms
fielen bei dem Zusammensturze des weströmischen Reiches
den auf dem Schauplatze der Weltgeschichte auftretenden
germanischen Völkerschaften als Erbschaft anheim, leider
aber waren diese nicht im Stande, den Werth des Erbes
zu schätzen, noch waren sie bei den Kriegswirren, welche
die Völker Jahrhunderte lang durcheinander warfen, und
einen fortdauernden Wechsel in dem politischen Besitzstande
herbeiführten, in der Lage, einer Regelung der öffentlichen
Gesundheitspflege besondere Aufmerksamkeit zuzuwenden.
Die Versuche, welche einige geistig hervorragende Fürsten
unter den Ostgothen, Langobarden und Franken auf Beseitigung hygieinischer Missstände und Einführung gesund-
heitsgemässer Zustände nach römischem Muster gemacht
hatten, prallten an der Rohheit der Massen wirkungslos ab.
Die Resultate der Bemühungen Karl's des Grossen um
eine Förderung der allgemeinen Bildung und Gesittung im
Frankenreiche überdauerten kaum die Existenz seiner Herr-
schaft, es bedurfte eben neuer, das Kulturleben hebender,
den Sinn für humane Ziele erweckender Elemente, einer
Aufklärung nicht nur über den Werth der Leistungen des
Alterthums in Wissenschaft, Kunst und gesellschaftlichen
Einrichtungen, sondern auch über die Forderungen, welche
aus den neuen Lebensverhältnissen der europäischen Bevölkerung hervorgegangen waren, und so entwickelte sich
erst in der zweiten Hälfte des Mittelalters, nach Consoli-

dirung der staatlichen Verhältnisse, unter dem Einflusse
des von weltlichen und kirchlichen Fürsten geförderten
wissenschaftlichen Geistes, der Hebung von Handel und
Gewerbe in den christlich-germanischen Völkern ein Umschwung wie in allen gesellschaftlichen Zuständen, so auch
in denjenigen staatlichen und bürgerlichen Einrichtungen,
welche einer Förderung des physischen Gedeihens der Bevölkerung durch Regelung der sanitären Verhältnisse zugewendet waren und auf deren Gestaltung nun auch die
Aerzte einen grösseren Einfluss gewannen, als dies während
der früheren Zeiten der Fall gewesen war.

Dieser Umschwung vollzog sich zuerst und am ent-
schiedensten im südlichen Italien, wo die Reminiscenzen an
die Leistungen Roms im Gebiete der Sanitätspflege noch
am lebendigsten geblieben waren; schon im Anfange des
13. Jahrhunderts waren durch päpstliche Erlasse in mehreren
Orten die gröbsten Missstände in der Strassenpolizei beseitigt
worden, nachhaltiger und weitreichender waren die Bestimmungen über Reinhalten der Strassen, Sorge für Herstellung und Erhaltung von Abzugskanälen, Schutz der
öffentlichen Wasserbezugsquellen gegen Verunreinigung,
marktpolizeiliche Verordnungen bezüglich einer Verhütung
des Feilbietens verdorbener Nahrungsmittel u. a., welche in
dem 1231 veröffentlichten Medicinal-Edikte des Kaisers
Friedrich II. für den neapolitanischen Staat und Sicilien
erlassen und später von Karl II. und dem Könige Robert

erweitert wurden. — Einen anderen Fortschritt in der Sanitätspflege in der zweiten Hälfte des Mittelalters bezeichnet die Einführung beamteter Aerzte, welche nicht, wie bei den Griechen und Römern, nur die Praxis in der Armenbevölkerung und in Rom unter den niederen Kategorien der kaiserlichen Beamten zu besorgen hatten, sondern auch in forensichen und medicinal-polizeilichen Fragen als Sachverständige zugezogen wurden. — Schon im 6. und 7. Jahrhunderte waren unter Theoderich dem Grossen im Ostgothischen, unter Rothar im Langobarden-, und später unter Karl dem Grossen im Frankenreiche Medicinal-Beamte angestellt worden; allgemein wurde dieses System der Stadtärzte erst im 13. Jahrhunderte in Italien eingeführt, später griff es auch in Frankreich, den Niederlanden und Deutschland Platz, und nach einer Verordnung des Kaiser Sigismund vom Jahre 1426 wurden alle deutschen Reichsstädte verpflichtet, besoldete Stadtärzte anzustellen, denen später bei dem Auftreten von Volkskrankheiten auch die Aufgabe zufiel, Vorschläge der zur Bekämpfung der Seuche zu ergreifenden Maassregeln zu machen und das Publikum durch populäre Schriften über die einzuschlagende Lebensweise aufzuklären.

Auch die Marktpolizei lässt in der zweiten Hälfte des Mittelalters einige Fortschritte erkennen. In einigen deutschen Reichsstädten bestanden schon im 12. Jahrhundert amtlich angestellte „Marktbeschauer", welche die Nahrungsmittel auf ihre Qualität zu prüfen, verdorbenes Fleisch und Fische zu conficiren hatten. Aehnliche Gesetze wurden im 13. Jahrhundert unter Heinrich III. in England erlassen; in Paris erschien im Jahre 1350 ein Polizeierlass, der nicht nur den Verkauf verdorbener Waaren, sondern auch des Fleisches kranker oder gefallener Thiere verbot, und der, wie alle übrigen derartigen in Paris erfolgten Erlasse, auch in anderen Städten Frankreichs in Geltung trat. — Mit grosser Strenge wurde überall Weinverfälschung gesetzlich verfolgt; in Deutschland wurde eine amtliche Kontrolle des Weins gegen Ende des 14. Jahrhunderts eingeführt. „Niemand", heisst es in dem betreffenden Gesetze, „dürfe den Wein anders machen, als Gott der Herr ihn habe wachsen lassen; wer „gemachten" (d. h. künstlich veränderten) Wein verkaufen wollte, musste zuvor die obrigkeitliche Erlaubniss einholen, auch durfte eine derartige Veränderung nicht von dem Weinhändler selbst, sie musste von einem geprüften „Bender" vorgenommen werden, dem der Zusatz von Alaun, Bleisalzen, Vitriol, Senf u. a. verboten war; auch war der Weinhändler gehalten, für solchen künstlich bearbeiteten Wein billigere Preise zu nehmen.

Die schweren Pestepidemieen, welche Europa während des Mittelalters so häufig heimsuchten und namentlich die unter dem Namen des „schwarzen Todes" bekannte mörderische Seuche führten zu einiger Aufklärung über die Krankheitsverbreitung und Krankheitsverhütung. Der Begriff der kontagiösen Uebertragung gewann eine festere Gestalt, man überzeugte sich, dass nicht blos die Kranken, sondern auch die von diesen gebrauchten Effekten Träger des Krankheitsgiftes bildeten, dass Anhäufung von Kranken in schmutzigen, überfüllten Räumen die Gefahr der Krankheitsverbreitung steigere, dass Processionen und Räucherungen wenig wirksame Maassregeln zur Bekämpfung der Seuche abgaben, und so gelangte man zu den Anfängen einer Ueberwachung des Verkehrs, des Sperr- und Quarantainesystems, das zunächst allerdings in einer sehr rohen und ungenügenden Weise ausgeführt wurde. Einzelne Städte, wie u. a. Venedig im Jahre 1348 und Mailand im Jahre 1350 schlossen sich gegen jeden Zugang von aussen vollständig ab; später, wie 1374 in Mailand, wurden Pesthäuser ausserhalb der Orte zur Aufnahme der Erkrankten angelegt, den Geistlichen, welche Kranke besuchten, wurde zur Pflicht gemacht, jeden zu ihrer Kenntniss gekommenen Pestfall bei den Behörden zur Anzeige zu bringen, die Krankenwärter mussten sich nach Einstellung ihrer Thätigkeit einer zehntägigen Absonderung unterwerfen, bevor sie zum Verkehr zugelassen wurden, die verpesteten Häuser wurden gereinigt, durch Räucherungen oder Feuer desinficirt, ebenso Betten und Kleidungsstücke längere Zeit der freien Luft ausgesetzt, in der Pestepidemie 1485 in Venedig kam es endlich auch zur Bildung eines aus Beamten und Aerzten zusammengesetzten Gesundheitsrathes, der die zur Bekämpfung der

Seuche geeigneten Maassregeln anzuordnen und für die
Ausführung derselben zu sorgen hatte. — Auch in der
Ueberwachung der Prostitution, welche während des Mittelalters nicht nur in den grossen Städten, sondern auch in
kleinen Orten einen enormen Umfang angenommen hatte,
wurde nicht nur die sittliche, sondern auch die sanitäre
Seite schärfer ins Auge gefasst; nach einer Verfügung vom
Jahre 1165 wurden in London die Lustdirnen einer ärztlichen Untersuchung unterworfen und diejenigen, bei welchen
die Untersuchung ergab, dass sie an der „gefährlichen
Krankheit des Brennens" (perilous infirmity of burning)
litten, aus den Bordellen entfernt; ebenso wurden nach
einem von der Königin Johanna von Neapel im Jahre 1347
erlassenen Edikte die Lustdirnen wöchentlich einmal von
einem Wundarzte untersucht und diejenigen, bei welchen
sich Krankheiten der Genitalorgane vorfanden, behufs Verhütung „einer Ansteckung der Jugend" so lange abgesondert
gehalten, bis sie genesen waren. Nachdem gegen Ende des
15. Jahrhunderts die Syphilis in epidemischer Verbreitung
aufgetreten war, wurden fast in allen europäischen Staaten
Gesetze bezüglich einer strengen Ueberwachung der Erkrankten erlassen und Strafen gegen Verheimlichung der
Krankheit angedroht. — In gleicher Weise wurde auch
eine Isolirung der Aussätzigen eingeführt; diese Unglücklichen
wurden aus aller Gemeinschaft ausgeschlossen und mit ihrem
Aufenthalte auf die Leproserien (Lazarethe, nach dem

heiligen Lazarus genannt) angewiesen, die jedoch nur als Detentions-, nicht als Heilanstalten dienten.

Ein schönes Denkmal hat sich das Mittelalter im Gebiete der Sanitätspflege in der Begründung von Krankenhäusern gesetzt, welche dem Griechen- und Römerthume ganz fremd waren. Schon in der ersten Hälfte jener Periode begegnet man sowohl im oströmischen Kaiserthume, wie in einigen Städten des Abendlandes*) diese dem Gesetze der christlichen Liebe entstammten Wohlthätigkeitsanstalten; anfangs waren dieselben in kleinen Verhältnissen angelegt, sie standen zum grösseren Theile mit Kirchen und Klöstern in Verbindung und dienten nicht nur zur Aufnahme von Kranken, sondern auch von Armen und Heimathlosen; grössere Krankenhäuser — im gewöhnlichen Wortverstande — kommen erst seit dem 11. Jahrhundert vor, und namentlich haben die Kreuzzüge mit dem Einflusse, den sie auf das ganze Kulturleben in der zweiten Hälfte des Mittelalters geäussert haben, auch zur Förderung dieser Wohlthätigkeitsanstalten erheblich beigetragen. Allerdings liessen die inneren Einrichtungen derselben, sowie die Pflege und ärztliche Behandlung sehr viel zu wünschen übrig, so dass sie sich in dieser Beziehung von den mit Luxus ausgestatteten, reinlichen, gut gelüfteten und von gebildeten Aerzten diri-

---

*) Das vom Frankenkönige Childebert begründete Hôtel-Dieu in Lyon bestand schon im 6., das gleichnamige Krankenhaus in Paris im 8. Jahrhunderte.

girten Krankenhäusern der Araber in wenig günstiger
Weise unterschieden. — Auch auf die Militär-Sanitätspflege
haben die Kreuzzüge zum wenigsten insofern einen günstigen
Einfluss geäussert, als für Anstellung von Feld-Wundärzten
und Krankenträgern, die mit Bahren, Lastthieren und
anderen für ihre Thätigkeit nothwendigen Hülfsmitteln versehen waren, möglichst Sorge getragen wurde, auch zur
Aufnahme verwundeter oder kranker Krieger Hospitäler
errichtet wurden, deren Begründung vorzugsweise von
geistlichen Ritterorden ausging, in die jedoch auch andere
Kranke ohne Unterschied des Standes Aufnahme fanden. —
Diesen Lichtpunkten in der Gesundheitspflege während
des Mittelalters stehen aber auch erhebliche Schattenseiten
in derselben gegenüber, und dies gilt namentlich von den
sanitären Zuständen in den bewohnten Orten. Die sieg-
haften Germanen lebten anfangs in den Trümmerhaufen der
römischen Städte, deren musterhafte Einrichtungen in
Wasserleitungen, Abzugskanälen, Pflasterung der Strassen
u. s. w. dem Verderben anheimfielen. und als in der späteren
Zeit die baulichen Verhältnisse eine Verbesserung erfuhren,
drängten sich bei den fortdauernden Fehden und den
räuberischen Anfällen, welchen die in den Vorstädten an-
gesiedelte Bevölkerung ausgesetzt war, grosse Volksmassen
in den Städten zusammen, welche mit ihren gegen feindliche
Angriffe errichteten, Licht und Luft abschliessenden, hohen
Mauern und Thürmen, ihren mit stehenden Wässern ge-

füllten Gräben, ihren engen, winkeligen, versumpften Strassen, den offenen, zur Aufnahme der Auswurfsstoffe bestimmten Strassenrinnen, dem grossen, in den traurigsten Verhältnissen lebenden Proletariate alle Bedingungen für die ungünstigste Gestaltung der Gesundheitsverhältnisse der Bevölkerung boten, Verhältnisse, aus welchen sich denn auch zum grossen Theile das so häufige Vorkommen schwerer Volkskrankheiten in jener Zeit erklärt. — Hierzu kam noch ein Missstand, der sich allerdings nur in einem beschränkteren Umfange fühlbar machte — die Anlage von Begräbnissplätzen innerhalb der Städte neben Kirchen und Klöstern und die Beisetzung der Leichen in Kirchen- und Klostergewölben. Die von dem Könige Theoderich mit schwerer Strafe bedrohte Beisetzung der Leichen in den Kirchengewölben Roms vermochte diesem Missbrauche nicht zu steuern, und nach dem Zusammenbruche des Gothenreiches in Italien trat die alte Misswirthschaft hier, wie anderwärts unter der Aegide des Klerus, der sich daraus eine beträchtliche Einnahmequelle geschafft hatte, in vollstem Maasse hervor.

Mit dem 16. Jahrhunderte beginnt eine neue Kulturperiode und damit auch eine neue Aera in der Entwickelungsgeschichte der Heilkunde: an die Stelle des Dogmas, welches die ärztliche Welt für mehr als ein Jahrtausend beherrscht hatte, trat die unbefangene Beobachtung und die nüchterne Forschung, und wenn die Fortschritte, welche die Heil-

kunde in diesem und dem folgenden Jahrhundert gemacht,
auch keinen tiefgreifenden Einfluss auf die Entwickelung
der Sanitätspflege geäussert haben, so liegen in ihnen doch
die Anfänge der wissenschaftlichen Bearbeitung zweier
medicinischen Doctrinen, aus welchen man tiefere Einblicke
in die Entwickelungs- und Verbreitungsvorgänge der Volkskrankheiten und damit das empirische Material für die Begründung einer rationellen Seuchen-Prophylaxe gewonnen
hat — der Gebiete der Epidemiologie und der medicinischen
Geographie und Topographie. Die schweren Volksseuchen
des 16. und 17. Jahrhunderts haben den beobachtungseifrigen
Aerzten eine lebhafte Anregung zur Erforschung des pathologischen Charakters derselben und zu Untersuchungen über
den Einfluss, den äussere Verhältnisse auf die Entstehung
und Verbreitung der Seuchen äusserten, geboten, und in
zahlreichen, vortrefflichen Arbeiten aus jener Zeit findet
sich bereits eine vollkommen richtige Würdigung der in
dieser Beziehung beachtenswerthen, in den Lebensverhältnissen der Bevölkerung gelegenen sanitären Missstände;
leider aber fanden diese Leistungen in den staatlichen und
kommunalen Behörden, denen die gesetzliche Regelung und
Ueberwachung der öffentlichen Sanitätspflege oblag, ein für
dieselben wenig empfängliches Publikum. —

Den ersten Schritt zu einer Besserung dieser misslichen
Verhältnisse bezeichnet die gegen Ende des 17. Jahrhunderts
erfolgte staatliche Organisation des Medicinalwesens, worin

Brandenburg, bezw. Preussen mit der Veröffentlichung des im Jahre 1694 erlassenen und 1725 erweiterten Medicinal-Ediktes vorangegangen war, damit das Beispiel für die übrigen europäischen Staaten gegeben hatte, und mit welcher den beamteten Aerzten dann auch in der Folgezeit ein grösserer Einfluss auf die Handhabung der öffentlichen Sanitätspflege eingeräumt worden ist.

Den schon seit dem 15. Jahrhunderte in Italien bestehenden Sanitätsbehörden muss man die Anerkennung widerfahren lassen, dass sie die Seuchenhygieine auf dem am Ende des Mittelalters eingeschlagenen Wege weiter zu fördern bemüht gewesen sind. Behufs Verhütung einer Einschleppung der Beulenpest vom Oriente her durch den maritimen Verkehr wurden die Quarantaine-Einrichtungen in den Häfen zweckmässiger organisirt, mit Isolirhospitälern versehen und diese unter die Aufsicht wissenschaftlich gebildeter Aerzte gestellt; diesem Beispiele ist dann auch Frankreich in den Mittelmeer-Häfen gefolgt. Bei dem Auftreten schwerer Volkskrankheiten wurden in den italienischen Städten behufs Feststellung etwaiger Erkrankungen tägliche Hausvisitationen von Aerzten und angesehenen Bürgern ausgeführt, die Armen wurden während der Dauer der Epidemie mit Nahrung, Kleidung, auch wohl mit Aufnahme in Versorgungshäuser unterstützt, für Reinigung der Strassen und Höfe, Entleerung der Latrinen wurde Sorge getragen, die Aerzte waren verpflichtet, von jedem zu ihrer

Kenntniss gelangten Pestfalle Anzeige zu machen, inficirte Häuser wurden abgesperrt, später desinficirt, werthlose Gegenstände, mit welchen die Kranken in Berührung gekommen waren, verbrannt, werthvollere vor weiterem Gebrauche sorgfältig gereinigt, und dieselben Schutzmaassregeln griffen dann auch in anderen Ländern, speciell in Deutschland Platz. —

In den grossen Städten Europas hatten die gesellschaftlichen Verhältnisse während des 16. Jahrhunderts einen glänzenden Aufschwung genommen; in der Bürgerschaft hatte sich ein Wohlstand entwickelt, der nicht nur den gewöhnlichen Bedürfnissen genügte, sondern auch zu einem Luxus in den häuslichen Einrichtungen führte, der noch heute in den alten, aus jener Zeit stammenden Patricierwohnungen ersichtlich ist. Die massiv aus Steinen aufgeführten mit überwölbten Kellern versehenen Privathäuser wohlhabender Leute waren hygieinisch vortrefflich eingerichtet, in den hierfür günstig situirten Städten waren, den römischen Kloaken ähnlich, grosse gewölbte Abzugskanäle angelegt, welche durch die atmosphärischen Niederschläge und andere eingeleitete Wasser gespült wurden; wo dies nicht zulässig war, wurden solide, gemauerte Senkgruben angelegt, deren Mauern nach dem Coutume de Paris mindestens 4 Fuss, nach den Bestimmungen in Orleans, Mehun u. a. Orten sogar 9—10 Fuss von den Brunnenkesseln entfernt sein mussten. In den grossen Städten waren die

Strassen gepflastert und reinlich gehalten, das Trinkwasser
wurde in ausreichendem Maasse durch unterirdische Holz-
röhren zugeführt und die Verunreinigung dieser, sowie der
Brunnen sorglich verhütet; in vielen Städten Deutschlands
bestand eine, allerdings in bescheidenen Grenzen sich be-
wegende Baupolizei, dergemäss die Häuser nur bis auf eine
bestimmte Höhe aufgeführt und die Fundamente derselben
nicht früher gelegt werden durften, bevor nicht die ge-
schworenen Baumeister den Boden in Bezug auf seine
Festigkeit, bezw. Sicherheit untersucht hatten. Demnächst
waren öffentliche, kalte und warme Bäder eingerichtet, die
dem Publikum gegen geringe Bezahlung zum Gebrauche
gestellt waren. — Einen Missstand bildeten in hygieinischer
Beziehung allerdings noch immer die hohen Stadtmauern
und die engen, gewundenen, winkeligen Strassen, welche
eine freie Ventilation verhinderten, ferner die stagnirenden,
die Luft verpestenden Stadtgräben und das in schmutzigen
Quartieren zusammengedrängte Proletariat. —

Auch in der sanitäts-polizeilichen Ueberwachung der
zum Verkaufe feilgebotenen Nahrungsmittel zeigt sich im
16. und 17. Jahrhunderte ein Fortschritt; in den deutschen
Reichsstädten waren die „Marktbeschauer" gehalten, auf
die gesundheitsgemässe Beschaffenheit von Fleisch, Fischen,
Brod, Obst und Wein zu achten; gegen Weinverdünnung
und Weinverfälschung war schon in der Carolinischen
Kriminal-Gerichtsordnung ein strafrechtliches Verfahren

3*

angedroht. Das Fleisch gefallener Thiere durfte nicht auf den Markt gebracht werden; krankes Vieh abzustechen stand nur den Abdeckern zu, welche die Pflicht hatten, solche Thiere zu vergraben, jedenfalls zu verhüten, dass das Fleisch derselben zum Verkaufe kam. Aus einigen Städten Deutschlands und Frankreichs liegen auch Mittheilungen über gesetzliche Bestimmungen, die Gewerbehygieine betreffend vor; Fleischer, Kürschner, Gerber und andere Gewerbtreibende, bei welchen die Abfälle des von ihnen bearbeiteten Materials eine Luftverderbniss herbeizuführen geeignet waren, waren zur Reinhaltung ihrer Werkstätten angehalten, bezw. gezwungen, dieselben aus den Städten zu verlegen. — Die Militär-Sanitätspflege verblieb während des 16. und 17. Jahrhunderts noch fast ganz auf dem kümmerlichen Standpunkte, auf welchem das Ende des Mittelalters sie gelassen hatte. Das Beispiel, welches Kaiser Maximilian mit einer Organisation des Feldchirurgendienstes in den unter ihm gebildeten Söldnerschaaren gegeben hatte, waren andere Staaten, so namentlich Frankreich, Schweden, England, Spanien auch Brandenburg gefolgt, in Frankreich waren durch Richelieu Feld-Ambulanzen eingeführt, auch ein Militär-Krankenhaus begründet, zu weiteren, die Gesundheitspflege der Soldaten in Friedens- und Kriegszeiten fördernden Maassregeln kam es aber nirgends und der Gewinn, der aus jener Organisation der militär-ärztlichen Körperschaft hervorging, wurde dadurch

noch wesentlich illusorisch gemacht, dass mit Ausnahme
einzelner, weniger Feldärzte, besonders solcher, welche die
Truppenanführer als Leibärzte begleiteten, die grosse Masse
dieser Körperschaft sich aus der Zunft der Bader rekrutirte,
welche auf dem niedrigsten Niveau technischer Ausbildung
standen.

Das 18. Saeculum wird mit Recht „das Jahrhundert der
Aufklärung" genannt — einer Aufklärung, welche sich
allmählig über alle Gebiete der Lebensverhätnisse in der
civilisirten Welt, über das staatliche, religiöse, wissenschaftliche und sociale erstreckt haben, und welche, von
dem Geiste des modernen Humanismus getragen, die Blüthe
der Kultur gezeitigt hat, deren sich die Gegenwart erfreut.

An diesem grossartigen Aufschwunge haben die Natur-
wissenschaften und die Heilkunde im vollsten Maasse Theil
genommen, und so ist denn schliesslich, wenn auch erst sehr
spät und gewissermaassen in letzter Reihe der Zweig der
Medicin, dem die Aufgabe einer Regelung der öffentlichen
Gesundheitspflege zufällt, bis zu dem Grade der Entwickelung gediehen, dass er in einer methodischen Bearbeitung
der in ihm enthaltenen Objekte zu einer wissenschaftlichen
Doktrin, zur Gesundheitslehre, herangereift ist.

Die Fortschritte, welche die Gesundheitspflege bis gegen
Ende des 18. Jahrhunderts gemacht hat, reduciren sich
wesentlich auf eine sorgfältige und erweiterte Durchführung
derjenigen Gesichtspunkte, welche bis zum Beginne des

Jahrhunderts für die sanitätspolizeiliche Thätigkeit maassgebend gewesen waren. — In der Seuchenhygieine wurden
Verbesserungen in den Quarantaine-Einrichtungen getroffen.
Für den Fall des Auftretens seuchenartiger Krankheiten bestanden strenge Verordnungen bezüglich Ueberwachung des
Verkehrs, der Anzeigepflicht, der Anstellung von besonders
verpflichteten Aerzten, von Krankenpflegern und Leichen-
dienern, ferner bezüglich schleuniger Beerdigung der Erlegenen in tiefen Gräbern und Bestreuen dieser mit Aetzkalk;
als Desinfektionsmittel kamen an Stelle der bisherigen
Schwefel-Räucherungen die von Guyton de Morveau
eingeführten Chlor-, und die von Carmichael Smyth
empfohlenen salpetersauren Dämpfe in Anwendung. — Die
grossartigste hygieinische Leistung des 18. Jahrhunderts auf
diesem Gebiete, eine Leistung, die überhaupt alles überragt,
was auf demselben jemals und bis auf den heutigen Tag
geschehen, ist die von Jenner auf Grund früherer Erfahrungen wissenschaftlich angestellte Prüfung von der Schutz
kraft der Vaccina gegen die Blatternkrankheit und das von
ihm gelehrte Verfahren der Vaccination, womit er sich ein
unsterbliches Verdienst um die Menschheit erworben hat.
— In der Bau- und Strassenpolizei war man überall bestrebt,
den gesetzlichen Bestimmungen grössere Geltung zu ver-
schaffen; einen wirklichen sanitären Fortschritt bekundet
der Erlass vom Jahre 1796 in Oesterreich, demgemäss
Neubauten nicht eher bezogen werden durften, als bis sie

von einer Gesundheitskommission unter Zuziehung des Bezirksarztes vom sanitären Standpunkte untersucht und von dieser keine Bedenken gegen die Benutzung derselben als Wohn- oder Geschäftsräume erhoben worden waren. In der Marktpolizei gab das häufige epidemische Vorkommen von Mutterkornvergiftungen Veranlassung zu einer strengen Beaufsichtigung des zum Verkaufe gebrachten Korns, Mehles und Brodes. Auch die Milch wurde Gegenstand der Marktkontrolle; wie bereits im Jahre 1599 in Venedig wurde nun auch in anderen Ländern der Verkauf der Milch von kranken Thieren und der aus derselben hergestellten Produkte verboten; in Paris waren nach einem Polizeierlass vom Jahre 1792 die Viehzüchter angewiesen, den Kühen nur gesundes Futter zu geben, damit die Milch keine schädlichen Eigenschaften annähme, auch war ihnen das Färben und das Verdünnen der Milch bei Strafe untersagt. — In dem Gebiete der Gewerbehygieine erschien im Jahre 1701 das klassische Werk von Ramazzini über die Krankheiten der Handwerker, das jedoch, wiewohl von den Zeitgenossen des Verfassers vollkommen gewürdigt, erst in einer viel späteren Zeit eine praktische Verwerthung gefunden hat.

Einen Fortschritt in der öffentlichen Sanitätspflege bezeichnen die in verschiedenen Gegenden Deutschlands gemachten Versuche zur Einführung einer Schulhygieine; es wurde das früheste Lebensalter für Aufnahme der Kinder in die Schule, die Zahl der täglichen Schulstunden, die Zeit derselben normirt, ferner Vorschriften über die Reinigung und Beleuchtung der Schulzimmer, über die Einrichtung der Bänke und Tische gegeben, auch Vorschläge zur Förderung des körperlichen Gedeihens der Jugend durch gymnastische Uebungen gemacht. Wenn mit diesen Verordnungen auch nicht viel erzielt worden ist, so lag in der Feststellung des Principes doch immerhin ein Gewinn. — Ein trauriges Bild boten noch im 18. Jahrhunderte die Krankenhäuser, von denen das Hôtel-Dieu in Paris eines der abschreckendsten Beispiele abgab, so dass Leibnitz (in einer vom Jahre 1714 datirenden noch ungedruckten Handschrift) die Krankenhäuser als ein „Seminarium mortis" oder „Thesaurus infectionis" bezeichnen konnte. Es sei rathsam, schreibt er, an Stelle dieser Häuser die im Militär gebräuchlichen Baracken anzulegen, die von einander geschieden und daher gut ventilirt sind. Sehr zweckmässige Vorschläge machte in dieser Beziehung auch der Wiener Hospitalarzt Fauken, der namentlich eine Evakuation und Lüftung der längere Zeit mit Kranken belegt gewesenen Räume verlangte; hervorragende Verdienste um die Verbesserung der Hospital-Einrichtungen hat sich ferner der englische Militärarzt Pringle erworben, vor allem aber ist hier des berühmten Philanthropen John Howard zu gedenken, der sich die edle Aufgabe gestellt hatte, in einer Schilderung der traurigen Verhältnisse, welche er auf einer durch fast·

ganz Europa angestellten Reise in den von ihm besuchten
Krankenhäusern und Gefängnissen angetroffen hatte, eine
sanitäre Reform in denselben herbeizuführen — ein Be-
streben, das ihm einen ehrenvollen Platz unter den Wohl-
thätern der Menschheit gesichert und dem er sich selbst
geopfert hat: in Folge des Besuches des Pesthospitals in
Cherson ist er daselbst im Jahre 1790 dieser Krankheit
erlegen.

In der Militär-Sanitätsverwaltung hat Preussen mit der
1724 erfolgten Begründung des für die Ausbildung von
Feldärzten bestimmten Collegium chirurgicum, der sich
daran schliessenden Umwandlung des alten Pesthauses der
Charité zu einem Unterrichtsinstitute und der Erweiterung
dieser militär-ärztlichen Bildungsanstalten 1795 zur Pepinière
einen für die weitere Entwicklung dieses Zweiges der Gesundheitspflege entscheidenden Schritt gethan, dem sich fast
alle übrigen europäischen Staaten in der Begründung ähnlicher Bildungsanstalten früher oder später angeschlossen
haben. Von dem Eifer und der Tüchtigkeit vieler Militär-
ärzte des 18. Jahrhunderts legen die zahlreichen, die Militär-Sanitätspflege behandelnden Schriften jener Zeit Zeug-
niss ab, und wenn die in denselben enthaltenen, zunächst
besonders unter den englischen und französischen Truppen
zur Ausführung gebrachten Reformvorschläge für eine Verbesserung der Hospitaleinrichtungen in Bezug auf Anlage
und Ausstattung, für Einführung des Barackensystems und

der Krankenzerstreuung, Erweiterung der Ambulancen und genügende Ausstattung derselben mit Krankenträgern, Herstellung von fliegenden und stehenden Feldlazarethen u. s. w. sich auch vorzugsweise nur auf den Kriegsdienst bezogen, so findet man in diesen Vorschlägen doch bereits sämmtliche Elemente, aus welchen in der neuesten Zeit die Organisation des Militär-Medicinalwesens im Allgemeinen sich entwickelt hat. — Einen interessanten Punkt auf diesem Gebiete der Sanitätspflege im 18. Jahrhundert bilden die ersten Versuche zur Herstellung einer Convention der kriegführenden Mächte zum Schutze der Verwundeten und der Spitäler, die in der That vor mehreren Schlachten zur Ausführung gekommen war, sich praktisch aber wenig bewährt hatte. Mit Recht erklärten die preussischen Feldärzte im 7 jährigen Kriege, Baldinger, Schmucker u. A., dass diese Maassregel nur dann von Erfolg sein könne, wenn die feindlichen Mächte sich schon vor Beginn des Krieges über einen derartigen gegenseitigen Schutz der Verwundeten und Kranken verständigten, und dieser Gedanke ist dann auch im Jahre 1863 durch die Genfer Convention zur Ausführung gekommen.

Ein Blick auf den hier geschilderten Gang, den die Entwickelung der öffentlichen Gesundheitspflege von ihren Uranfängen bis zum Schlusse des 18. Jahrhunderts durchlaufen hat, zeigt, dass dieselbe im engsten Anschlusse an die Entwickelung der Heilkunde erfolgt ist. Man lernte zuerst auf

rein empirischem Wege den gesundheitsfördernden und den
gesundheitsschädigenden Einfluss kennen, den die den Menschen
umgebenden Aussendinge auf das Wohl des Individuums oder
der Gesammtheit der Bevölkerung äusserten; einsichtsvolle
Männer leiteten aus diesen Erfahrungen Maassregeln ab,
welche geeignet erschienen, das körperliche Wohl zu fördern
und gegen feindliche Einflüsse zu schützen. In demselben
Grade, in welchem die methodische Bearbeitung der Heilkunde Fortschritte machte, erfuhren diese, der ärztlichen
Beurtheilung überwiesenen Maassregeln eine Bestätigung,
Verbesserung oder Erweiterung, die Aufmerksamkeit der
Aerzte und der Behörden richtete sich auf immer weitere
in den Bereich der Gesundheitspflege fallende Objekte, und
so war man allmählich dahin gelangt, sämmtliche Lebens-
verhältnisse, welche eine sanitäre Fürsorge nothwendig
machen, in den Kreis derselben zu ziehen. Alle diese Be-
strebungen um Vervollkommnung der Hygieine gingen bis
zum Schlusse des 18. Jahrhunderts aber immer nur aus einer
lockeren Reihe vereinzelter Gesichtspunkte hervor, es fehlte
an einer Zusammenfassung derselben von einem einheitlichen,
das ganze Gebiet beherrschenden Standpunkte, und dieses
Problem hat denn Peter Frank mit der Bearbeitung seines
„Systems der medicinischen Polizei" in einer für seine Zeit
ausgezeichneten Weise gelöst. Unter Benutzung aller, bis
dahin im Gebiete der Gesundheitspflege gemachten Erfahrungen
und gesetzlichen Bestimmungen brachte er in einer systema-

tischen Bearbeitung des ganzen Materials Licht und Ordnung
in dasselbe, und in der kritischen Behandlung jedes Objektes
vermittelst der ihm von der Wissenschaft gebotenen Hilfs-
mittel führte er eine wissenschaftliche Auffassung in die Behandlung des ganzen Gegenstandes ein, unter seinen Händen
wurde die Gesundheitspflege zu einer Doktrin erhoben. —
Seine von dem edelsten Humanismus getragene Arbeit*) fand

---

*) Vortrefflich sind die Worte, mit welchen Frank in dem Vor-
berichte zu seinem Werke die Aufgabe und die Grenzen der Medicinal-
Polizei bezeichnet: „Eine kluge Polizei mischt sich nicht in das Innere
der Haushaltungen, und wenn diese Regentin der Völker zu Spionen
missbraucht wird, artet sie zur Tyrannei menschlicher Gesellschaften
und zur Störerin der öffentlichen Ruhe aus, die sie beschützen sollte.
Allein in Dingen, wovon die Glückseligkeit des Ganzen abhängt, unter-
wirft sich jeder vernünftige Bürger, ohne Einschränkung auf irgend
einen noch so privilegirten Winkel, dem allgemeinen Sicherheits-
gesetze . . . . Wie man im gesellschaftlichen Leben die natürliche
Freiheit uneingeschränkt beibehalten wissen möge, ist mir unbegreiflich,
und, wie mich dünkt, zu sehr à la Rousseau philosophirt. — Ist es
ein Druck, unter billigen, aus der Natur und aus dem gesellschaftlichen Leben gezogenen Gesetzen zu wohnen, deren Vortheil jedem
Unbefangenen in die Augen fallen muss, und ist es Freiheit, seinen
und anderer Bürger Wohlstand gesetzlich untergraben zu dürfen, so
habe ich freilich den ächten Begriff von Druck und Freiheit nicht und
ich bekenne mich zum Sklaven geboren". — Diese Worte Frank's
haben heute unter den veränderten Verhältnissen an Schärfe, wenn
auch nicht an Wahrheit verloren. Was der grossen Masse damals
als ein unbequemer Zwang erschien, das wird von derselben heute als
Ausdruck einer humanistischen Gesittung beurtheilt und geschätzt,
die hygieinische Gesetzgebung stützt sich heute nicht mehr auf der
traditionellen, sondern auf der durch die Wissenschaft begründeten

in der Gelehrtenwelt die vollste Anerkennung, allein der
Einfluss, den sie auf die praktische Gestaltung der Hygieine
geäussert hat, ist weit hinter ihrem Werthe zurückgeblieben;
um eine Reform der öffentlichen Gesundheitspflege im modernen
Sinne herbeizuführen, bedurfte es einer höheren Macht, und
diese Macht erwuchs — um mich des Wortes zu bedienen,
welches Pruner seiner kleinen Schrift über Cholera als Titel
vorgesetzt hat — in „der Weltseuche Cholera, der Polizei
der Natur." welche in dem Lande der Erbweisheit, in
England, die Anregung zu der Reform der Hygieine gegeben hat.

Die schwere Heimsuchung Englands in den Jahren 1831
und 1832 von der Cholera hatte die allgemeine Aufmerksamkeit auf die sanitären Missstände hingelenkt, welche sich
namentlich in den volkreichen Städten, den Centren des
industriellen und kommerziellen Lebens des Landes geltend
machten, und alsbald erhob sich im Publikum und unter
den Vertretern der Nation, in der Tagespresse und im Parlamente der einmüthige Ruf nach einer gründlichen Untersuchung derjenigen Verhältnisse, die es erklärlich machten,
dass einzelne Orte so schwer gelitten hatten, sowie überhaupt eine unverhältnissmässig grosse Sterblichkeit aufwiesen,

---

Erfahrung, und das eben ist das grosse Verdienst Frank's, dass er
in der Verwerthung aller bis zu seiner Zeit gemachten Erfahrungen im
Gebiete der Gesundheitspflege behufs eines Systems derselben dem
Humanismus und der Wissenschaft gleichmässig Rechnung getragen hat.

während andere Orte oder Ortstheile von der Seuche ganz
verschont oder nur wenig berührt worden waren und weit
günstigere Mortalitätsverhältnisse als jene darboten, und
daran knüpfte sich dann selbstverständlich auch das Ver-
langen, die Regierung solle solche Maassregeln ergreifen,
welche geeignet erschienen, den aufzudeckenden Schäden
möglichst abzuhelfen. — Die ersten von der englischen Regierung eingeschlagenen Wege, um dieser Aufforderung zu
genügen, bestanden in der Bildung eines statistischen Amtes,
welches Erhebungen über die Bevölkerungsbewegung, bezw.
die Zahl der Geburts-, Todesfälle und der geschlossenen
Ehen in den einzelnen Gemeinden anzustellen hatte, und
sodann in einem dem bereits bestehenden Central-Armen-
amte ertheilten Auftrage, Erhebungen über den allgemeinen
Gesundheitszustand in den arbeitenden Volksklassen und
dem Proletariate zu machen. Auf Grund der aus diesen
Untersuchungen gewonnenen Resultate, welche ein noch
trüberes Bild der Zustände ergaben, als man es erwartet
hatte, wurde eine Reihe gesetzlicher Bestimmungen erlassen,
welche zunächst auf Beseitigung der gröbsten Missstände
durch Reinigung der Orte und Häuser, Drainage des Bodens,
Regulirung der Abzugskanäle, Sorge für reines Trinkwasser,
Beseitigung gewerblicher Schädlichkeiten u. s. w. hingerichtet
waren und deren Ausführung den bereits bestehenden oder
zu begründenden Lokalgesundheitsbehörden überwiesen wurde.
Mit der Veröffentlichung der Public Health Act im Jahre 1848

war der erste entscheidende Schritt zu einer definitiven
Regelung der öffentlichen Gesundheitspflege im ganzen Reiche
nach allgemein gültigen Grundsätzen gethan, es erfolgten
dann weitere legislatorische Bestimmungen, welche sämmtliche
in der öffentlichen Gesundheitspflege in Betracht kommenden
Verhältnisse umfassten, und den Schluss dieses grossartig
ausgeführten Systems bildete die Begründung einer Staats-
Sanitätsbehörde, der die Aufgabe zufiel, die Ausführung
aller jener gesetzlichen Bestimmungen zu überwachen. Die
Regierung hat diese grossartige und dem auf die Selbstverwaltung so eifersüchtigen englischen Volke gegenüber
schwierige Aufgabe in bewunderungswürdiger Weise gelöst.
Die von ihr dem Willen der Nation gemäss entwickelte
gesetzgeberische Thätigkeit trägt allerdings einen centrali-
sirenden und bureaukratischen Charakter, aber die Ausführung der Gesetze ist in die Hände der Local-Sanitäts-
behörden gelegt und die überwachende Staatsbehörde hat
sich nur da einen direkten Eingriff in die Sanitätsverwaltung
vorbehalten, wo diese nicht ihre Schuldigkeit thut; von dem
Parlamente unterstützt ist die Regierung in der Organisation
der Gesundheitspflege langsam aber sicher vorgegangen und
dabei stets von dem richtigen Gesichtspunkte geleitet worden,
dass es nur des Nachweises von der Zweckmässigkeit einer
vorgeschriebenen Maassregel bedürfe, um bei dem in der
Selbstverwaltung geschulten Bürger eine strenge Beachtung
des Gesetzes zu erzielen. — So ist denn Alles, was Frank,

und wie er es verlangt hat, in England erfüllt worden:
hier hat die öffentliche Gesundheitspflege ihre erste methodische Organisation auf Grund einer rationellen Empirie
gefunden, und alle civilisirten Nationen haben sich die in
dieser Beziehung in England zur Geltung gelangten Grundsätze angeeignet und dieselben, ihren staatlichen und gesellschaftlichen Verhältnissen entsprechend modificirt, auf dem
Wege der Gesetzgebung durchzuführen gestrebt. — An diese
Arbeiten schliesst sich nun aber in zweiter Reihe eine
wissenschaftliche Begründung der empirisch gewonnenen
hygieinischen Grundsätze, die Frank mit den ihm gebotenen
Kenntnissen seiner Zeit nur andeuten konnte; erst mit dem
Aufschwunge, welchen Chemie und Physik, Physiologie und
Pathologie in der neuesten Zeit genommen haben, ist man
in den Stand gesetzt worden, die vielfachen Fragen, welche
sich an die Art des physiologischen und pathologischen Ein-
flusses des Bodens, der Witterung, des Trinkwassers, der
Nahrungsmittel u. s. w. auf den Gesundheitszustand der Bevölkerung knüpfen, in exakter Weise zu beantworten, d. h.
die Gesundheitslehre wissenschaftlich zu begründen, und
endlich ist auch die Technik in der neuesten Zeit bemüht
gewesen, den Ansprüchen gerecht zu werden, welche an sie
behufs der Ausführung hygieinischer Maassregeln gestellt
worden sind.

Eine besondere Aufmerksamkeit hat die englische Sanitätspflege stets dem Punkte zugewendet, von dem ihre Organi-

sation ausgegangen ist — den „preventable diseases", den
verhütbaren Krankheiten und speciell den Volkskrankheiten,
und gerade diese Seite der öffentlichen Hygieine ist es, um
deren Förderung sie sich die grössten Verdienste erworben
hat. — In der neuesten Zeit hat dieses Gebiet der Gesundheitspflege eine wissenschaftliche Basis in der Bakterio-
logie gewonnen, deren geniale Bearbeitung einen der be-
deutendsten Fortschritte in der wissenschaftlichen Medicin
bekundet. — Wenn man auch seit langer Zeit von der
theoretisch wohlbegründeten Ueberzeugung von dem parasi-
tären Charakter der sogenannten Infektionskrankheiten
durchdrungen war, so hat diese Voraussetzung in der
bakteriologischen Forschung für eine Reihe dieser Krankheiten endlich die exakte Bestätigung gefunden; man steht
heute nicht mehr einem verdeckten, sondern einem offenen
Feinde gegenüber und damit ist die Krankheitsprophylaxe
in eine neue Phase ihrer Entwickelung eingetreten; gleichzeitig sind damit aber auch zahlreiche neue Räthsel in
diesem bislang noch sehr dunkeln Gebiete aufgetaucht,
welche ihrer Lösung harren. — Wer mit der Seuchengeschichte einigermassen vertraut ist und sich nicht in dem
engen Kreise der eigenen epidemiologischen Beobachtungen
bewegt, weiss, wie wenig uns von den Naturgesetzen bekannt ist, welche für das Auftreten, die Verbreitung, den
epidemischen Bestand, das Erlöschen, das Wiederkehren,
unter Umständen selbst das vollständige Verschwinden der

Volkskrankheiten maassgebend, wie wenig wir über die Lebensbedingungen aller dieser Krankheitserreger ausserhalb des menschlichen Organismus und über die Beziehungen derselben zu diesem aufgeklärt sind. — In dieses Dunkel wird die Laboratoriumsarbeit allein nicht Licht bringen; nur mit Hülfe der aus der Seuchengeschichte entwickelten ätiologischen Thatsachen dürfte es der bakteriologischen Forschung gelingen, tiefere Einblicke in alle jene Verhältnisse zu gewinnen und so die Mittel und Wege zu einer wirksameren Verhütung und Bekämpfung der Seuchen zu finden, als dies mit den bisher gebotenen Mitteln ermöglicht ist. Wie auf so vielen Gebieten der praktischen Heilkunde ist auch hier die Praxis der wissenschaftlich begründeten Theorie weit vorausgeeilt: die grossartige Leistung Jenner's mit seiner Lehre von der Vaccination, die bahnbrechende Arbeit von Semmelweiss über die Genese und Prophylaxe des Kindbettfiebers, welche die Basis für das heutige geburtshülfliche Verfahren abgegeben hat und zahlreiche andere, einer ferneren oder näheren Vergangenheit angehörige Leistungen im Gebiete der Gesundheitspflege sind dem Boden einer rationellen Empirie entwachsen, das zu allen Zeiten gebräuchliche, mit der fortschreitenden Wissenschaft vervollkommnete Desinfektionsverfahren, das Sperr- und Quarantainesystem, die Anzeigepflicht und zahlreiche andere hierhergehörige, auch heute noch geschätzte prophylaktische Maassregeln haben sich aus einer vielhundertjährigen

Erfahrung allmählich entwickelt; wenn es einem einsichtsvollen Arzte heute nicht in den Sinn kommen kann, in sanitären Missständen die eigentliche und wesentliche Ursache der Volkskrankheiten zu suchen, so wird der denkende Forscher es ebenso wenig verkennen, dass diese Missstände den für die Entwickelung der Seuchen geeignetsten Boden abgeben, und dass man, neben den zuvor genannten Maassregeln einer Ueberwachung des persönlichen und sachlichen Verkehrs, soweit eine solche überhaupt möglich ist und einer rationellen Anwendung der Desinfection, in einem trockenen und reinen Untergrunde, in Reinlichkeit und Lüftung der Häuser, in gründlicher Beseitigung aller Abfälle aus den Wohnungen, Höfen und Strassen, in dem Gebrauche reinen Trinkwassers, also in der Beseitigung aller sanitären Missstände vorläufig die sichersten Schutz- und Bekämpfungsmittel gegen jene Krankheiten besitzt.

Ich habe hier in Kürze denjenigen Standpunkt bezeichnet, zu welchem die Entwickelung der Gesundheitspflege und Gesundheitslehre in der neuesten Zeit gelangt ist, und hier findet denn auch die historische Betrachtung ihre natürliche Grenze. Wie weit die Ausführung der Gesetze hinter der legislatorischen Thätigkeit noch zurückgeblieben ist, welche Mängel der bureaukratischen Handhabung der Gesetze in manchen Staaten noch anhaften und wie dieselben zu beseitigen sind, -- diese und zahlreiche andere, hierher gehörige Fragen fallen nicht mehr der historischen, sondern der kritischen Betrachtung anheim, auf welche näher einzugehen ausserhalb der Grenzen der mir hier gestellten Aufgabe liegt. Wenn, wie ich im Eingange zu diesen Mittheilungen gesagt habe, die Gegenwart mit dem Gefühle der Genugthuung auf die Erfolge hinblicken darf, welche die Gesundheitspflege auf allen Gebieten des gesellschaftlichen Lebens erzielt hat, so gilt dies im vollsten Maasse von der Organisation, welche in der Militär-Sanitätsverwaltung für Friedens-, wie für Kriegszeiten und ganz besonders in unserem Vaterlande in der neuesten Zeit Platz gegriffen hat. — Mit Anerkennung und Dank wird man an dem heutigen Tage, an welchem die militär-ärztlichen Bildungsanstalten ihr Stiftungsfest feiern, der Männer gedenken, welche, aus diesem Institute hervorgegangen, jene Organisation angebahnt und gesichert haben und welche ein leuchtendes Beispiel für die heranwachsende Generation sind, der die dankbare Aufgabe zufällt, das, was die Vergangenheit und die Gegenwart geschaffen hat, in der Zukunft einer höheren Vollendung entgegenzuführen.

BUCHDRUCKEREI VON OTTO LANGE, BERLIN C.

www.ingramcontent.com/pod-product-compliance
Lightning Source LLC
Chambersburg PA
CBHW022025190326
41519CB00010B/1605